BEI GRIN MACHT SICH IHR WISSEN BEZAHLT

- Wir veröffentlichen Ihre Hausarbeit, Bachelor- und Masterarbeit

- Ihr eigenes eBook und Buch - weltweit in allen wichtigen Shops

- Verdienen Sie an jedem Verkauf

Jetzt bei www.GRIN.com hochladen und kostenlos publizieren

Bibliografische Information der Deutschen Nationalbibliothek:

Die Deutsche Bibliothek verzeichnet diese Publikation in der Deutschen National-
bibliografie; detaillierte bibliografische Daten sind im Internet über http://dnb.d-
nb.de/ abrufbar.

Impressum:

Copyright © 2017 GRIN Verlag, Open Publishing GmbH
Druck und Bindung: Books on Demand GmbH, Norderstedt Germany
ISBN: 9783668515758

Dieses Buch bei GRIN:

http://www.grin.com/de/e-book/373903/el-nino-grundlegende-fakten-und-ein-
vergleich-der-auswirkungen-in-den

Lara Maierbrugger

El Niño. Grundlegende Fakten und ein Vergleich der Auswirkungen in den Jahren 1997 und 2015

Mit exemplarischen Beispielen

GRIN Verlag

El Niño

Grundlegende Fakten und ein Vergleich der Auswirkungen in den Jahren 1997 und 2015 mit exemplarischen Beispielen

Verfasser/in Lara Maierbrugger

Klasse 8A

Schuljahr 2016/17

Abgabe: Spittal, am 22. Februar 2017

Abstract

In meiner Vorwissenschaftlichen Arbeit zu dem Thema „El Niño-Grundlegende Fakten und ein Vergleich der Auswirkungen in den Jahren 1997/98 und 2015/16 mit exemplarischen Beispielen" werde ich folgende Fragen beantworten:

- Was ist El Niño?
- Wie wirkte sich das Klimaphänomen verglichen in den Jahren 1997 und 2015 aus?

Zuerst gehe ich kurz auf die Frage ein, was El Niño überhaupt ist und wo das Klimaphänomen auftritt. Anschließend beschreibe ich den gewöhnlichen, durchschnittlichen klimatologischen und marinen Zustand im Pazifik und wie sich beide während eines El Niño-Ereignisses verändern. Im zweiten Teil meiner Arbeit vergleiche ich die beiden letzten großen El Niño-Ereignisse in den Jahren 1997/98 und 2015/16, die gravierende Schäden hinterließen und unterschiedliche Sektoren beeinflussten. Denn El Niño wirkt sich vielseitig aus. So kommt es in normalerweise trockenen Regionen zu Überschwemmungen, in anderen Gebieten herrscht wiederum langanhaltende Trockenzeit und z.B. in Südostasien verschlechtert sich deutlich die Luftqualität.

Der letzte El Niño 2015/16 ist insofern noch aktuell, da sich die Auswirkungen bis in das Jahr 2016 zogen und viele Schäden noch bestehen.

Inhalt

1   El Niño - Die Grundlagen

Im Jahr 2015 wurde das Klimaphänomen El Niño von den Medien besonders stark publik gemacht. Es war von einem starken El Niño-Jahr die Rede, sogar noch stärker als der El Niño im Jahre 1997. Angesichts seiner gravierenden Auswirkungen bezeichnete man ihn als „Super El-Niño", der „Gigant im Pazifik" oder „das Wetterphänomen El Niño". Trotz seiner zunehmenden Bekanntheit in den letzten Jahren wussten nur wenige über das Phänomen Bescheid und über dessen tatsächlichen Vorgang im Pazifik. So handelt es sich bei El Niño nicht um eine Meeresströmung, sondern um eine Klimaanomalie im pazifischen Raum, die eine vollständige Umstellung der atmosphärischen Verhältnisse und folglich auch der ozeanischen Zustände verursacht. Im folgenden Text wird der klimatologische und der marine Zustand im Pazifik im Allgemeinen erklärt und anschließend dessen beide Veränderungen bei einem Eintreten von El Niño.

Das Wetter spielt sich in der Troposphäre ab und dieses ist abhängig von der Zusammensetzung der Atmosphäre, deren Wasseraufnahmefähigkeit und deren Dichte. Hauptentscheidend für das Wetter einer Region ist auch die Nähe und Lage zum Meer und ob es sich hierbei um ein warmes oder kaltes Gewässer handelt. In Küstenregionen, wie etwa in näherer Umgebung des Pazifiks, wird die aufgenommene Menge an Wasser aus dem Ozean in Form von Wolken und Niederschlag wieder auf der Erde verteilt (vgl. Klotz, 2008, www.uni-tuebingen/ El Niño).

Das geschieht durch Winde, die warme Luftmassen aus den äquatorialen Breiten in die kühleren Breiten transportieren und somit für einen relativ aus-geglichenen Wärmehaushalt sorgen (vgl. Klotz, 2008, www.uni-tuebingen/El Niño). Allgemein bilden sich hierbei um den gesamten Erdball mehrere groß-räumige Luftzirkulationen aus, die somit einen weiteren wichtigen Teil zur Bestimmung der Wetterdynamik der Atmosphäre leisten. Außerdem beeinflussen die Luftzirkulationen insbesondere das Klima der angrenzenden Gebiete (vgl. Caviedes, El Niño, S. 9).

In Zusammenhang mit dem Klimaphänomen El Niño steht die Walkerzirkulation, eine Luftzirkulation, die sich über den gesamten Pazifischen Ozean parallel zum Äquator ausbildet. Die Walkerzirkulation prägt das Klima der umgebenden

Gebiete und die Natur hat sich ihr im Laufe der Zeit angepasst. Aufgrund dessen, dass der Pazifik der größte Ozean der Erde ist, ist er für das Wettergeschehen weltweit von großer Bedeutung und die Walkerzirkulation hat eine relevante Wichtigkeit auch außerhalb des pazifischen Bereichs. Ein weiteres erwähnenswertes Merkmal des Pazifiks, dem Entstehungsort der Walkerzirkulation, ist seine immense Breite im Bereich des Äquators. Dadurch kann er eine enorme Menge an Sonnenergie aufnehmen und gibt in weiterer Folge viel mehr Feuchtigkeit und Wärme an die Atmosphäre ab, als alle anderen Ozeane zusammen. Eine Variabilität im Pazifik und in der Atmosphäre oberhalb des Pazifiks wirkt sich auch in weiter entfernten Teilen der Erde noch beachtlich aus. So kann eine Abweichung der Norm das Wetter nicht nur der umgebenen Kontinente, sondern auch anderer Teile der Erde extrem beeinflussen (vgl. Caviedes, El Niño, S. 9). " *Einer dieser weniger regelmäßigen auftretenden Variabilität ist El Niño, der wohl wichtigste Schrittmacher des globalen Klimas in unserer Zeit.*" (Caviedes, El Niño, S. 9).

Bereits in der vorkolonialen Zeit konnten peruanische Fischer im Pazifik einen Anstieg der Meerestemperatur beobachten, welcher deutlich über dem Durchschnitt lag. Durch den merklichen Anstieg der Wassertemperatur wurde eine Veränderung des Fischangebotes vom Spätsommer bis in den Winter in Gang gesetzt. Zusätzlich wurde ein Anstieg der Luftfeuchtigkeit in Südamerika beobachtet, der in den „normalerweise" ariden Küstengebieten zu häufigen Regengüssen führte. Da dieses Phänomen häufig zur Weihnachtszeit auftrat, nannten die Fischer das Geschehen El Niño, das Christkind (vgl. Caviedes, El Niño, S. 9-10).

Anfang des 20ten Jahrhunderts begann man das Klimaphänomen dann genauer zu erforschen. Die Wissenschaftler lüfteten einige der bisher noch ungeklärten Fragen bezüglich El Niño, konnten allerdings dem Entstehungsgrund von El Niño nicht nachgehen. Schon früh wurde von Forschern gezeigt, dass El Niño ozeanische und atmosphärische Merkmale besitzt (vgl. Caviedes, El Niño, S. 9-10).

Unter diesem Merkmal des El-Niño-Phänomens versteht man eine *„Rückkopplung zwischen maritimem und meteorologischem System"* (Caviedes, El Niño, S.12). Dabei stellen sich die regulären Verhältnisse, welche die Meerestemperatur im Pazifik sowie die Luftdruckgebiete bzw. die Luftzirkulationen im Bereich des pazifischen Ozeans betreffen, völlig um. Denn allgemein gibt es eine gegenseitige *„Abhängigkeit zwischen Meeresströmungen, Winden und Lufttemperatur"* (Caviedes, El Niño, S.12).

Tritt infolgedessen eine Veränderung in einem dieser Systeme ein, wie dies bei El Niño der Fall ist, so reagiert das andere darauf. Diese veränderten Abläufe haben einen gewaltigen, differenten Einfluss auf das Wetter angrenzender Kontinente und auch auf weiter entfernte Regionen (vgl. Ammann, 1998, www.elNiño./einleitung). Die Auswirkungen von El Niño sind gewaltig. Dürren, Überschwemmungen, wie auch Hungersnöte, all diese Katastrophen lassen sich auf das Klimaphänomen zurückführen.

1.1 Walkerzirkulation

Die Walkerzirkulation, ist für das Verstehen des Klimaphänomens El Niño von großer Bedeutung. Es handelt sich um eine geschlossene Luftzirkulation, die den stabilen Zustand im Pazifik beschreibt. Die Neutralphase, die in Zusammenhang mit der Walkerzirkulation steht, ist gekennzeichnet durch einen niedrigen Luftdruck über dem Westpazifik und einem hohen Luftdruck östlich des Pazifik (vgl. Malberg, Meteorologie, S. 338). Außerdem beschreibt die Walkerzirkulation den Zustand des Pazifiks bei „üblichen" Bedingungen, die das Klima der angrenzenden Kontinente stark prägt. In Abbildung 1 erkennt man ein Luftdruckgefälle, welches zwischen Tief- und Hochdruckgebiet im Pazifik vorherrscht und durch die Passatwinde in tieferen Höhenlagen wieder geschlossen wird. Des Weiteren bildet sich auch im Ozean selbst, bedingt durch die Passatwinde ein geschlossener Kreislauf (vgl. Ammann, 1998, elNiño. /k1).

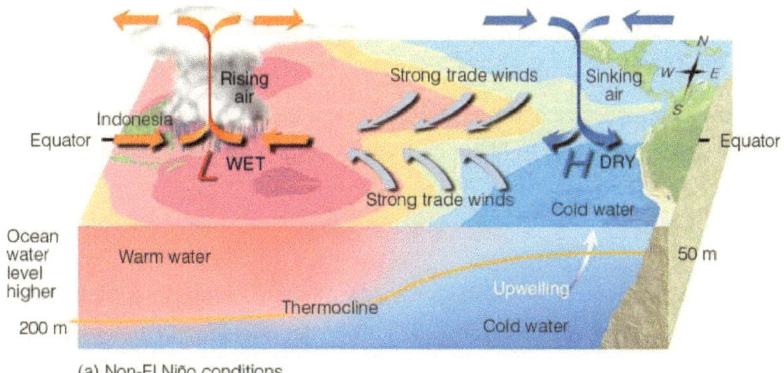

Abbildung 1: Walkerzirkulation

Wie die schematische Darstellung der Walkerzirkulation in Abb.1 veranschaulicht, kommt es über dem Westpazifik in der Nähe Indonesiens unter dem Tiefdruckeinfluss zu einer intensiven aufsteigenden Luftbewegung, verbunden mit Wolkenbildung und tropischen Regenfällen (vgl. Malberg, Meteorologie, S. 338). Die Luft steigt in Folge eines Tiefs auf, da warme Luft eine geringere Dichte hat als kältere Luft. Außerdem findet man hier eine warme Meeresströmung vor, die das Tiefdruckgebiet deutlich stabilisiert (vgl. Ammann, 1998, www.elNiño. /k1).

Die aufgestiegenen Luftmassen aus dem Tiefdruckgebiet werden in höheren Luftlagen durch Westwindströme nach Osten hin beweget. Über dem Ostpazifik dagegen, vor der Küste Perus und Nordchile, befindet sich ein Hochdruckgebiet über der Region, welches die vom Westen kommende Luft zum Absinken zwingt und die Luft am Boden wieder auseinanderströmt (vgl. Ammann, 1998, www.elNiño. /k1).

Das stabile Hochdruckgebiet vor der westlichen südamerikanischen Küste wird durch die dort vorherrschenden relativ kalten Wassertemperaturen begünstigt. Außerdem überwiegt entlang der nordchilenischen und peruanischen Küste in Verbindung mit der Passatinversion über dem Ostpazifik Niederschlagsarmut. Infolge dessen befindet sich hier trockenes Klima, was die Entstehung einer

Küstenwüste, der Atacamawüste bewirkt hat (vgl. Malberg, Meteorologie, S. 338).

Für einen Ausgleich des nun vorherrschenden Druckunterschiedes zwischen dem Hoch und dem Tief über dem Pazifik sorgen die Passatwinde.

1.1.1 Passatwinde und Corioliskraft

Die Passatwinde über dem Pazifik haben ihren Ursprung aus dem Südpazifischen Hoch, welches sich über den Osterinseln befindet, und dem Nordpazifischen Hoch, dessen Entstehungsort oberhalb der Insel Hawaii liegt. Aus diesen beiden Hochdruckgebieten strömen die Passatwinde Richtung Äquator, wo sich eine Reihe von Tiefs befinden. Diese Tiefdruckgebiete lassen sich auf die Innertropische Konvergenzzone (ITC) zurückführen, die weltweit in der Nähe des Äquators ausgerichtet ist (vgl. Caviedes, El Niño, S. 12).

Die nun aus südöstlicher und nordöstlicher Richtung strömenden Passatwinde treffen in der Nähe des Äquators aufeinander und werden durch die Corioliskraft abgelenkt. Unter Einfluss der Corioliskraft, eine durch die Erdrotation bedingte Ablenkungskraft, verwandeln sich die Passatwinde in äquatoriale Ostwinde (vgl. Caviedes, El Niño, S. 12). Diese Winde nehmen nun die überflüssige Luft, welche bedingt durch das südamerikanische Hochdruckgebiet am Boden angelangt ist, mit. Die nun nach Westen wehenden Winde erwärmen sich auf ihrem Weg und steigen, aufgrund ihrer geringeren Dichte, über der südasiatischen Inselwelt auf. In diesem Gebiet treffen die äquatorialen Ostwinde auf die Westwinde, die in Kombination mit der ITC diese Region zum größten Gebiet mit dauerhafter Bewölkung und viel Niederschlag macht. Gleichzeitig bewegt sich die aufgestiegene Luft in höherer Atmosphäre wieder nach Osten und sinkt wegen des dort vorherrschenden Hochs ab (vgl. Baldenhofer, 2016, www.enso./ #normal).

Das Aufsteigen der Luft in der westpazifischen Tiefdruckzone, sowie das Absinken im ostpazifischen Hoch, gekoppelt mit den äquatorialen Ostwinden und der nach Westen gerichteten Strömung, lassen den Luftkreislauf schließen (vgl. Malberg, Meteorologie, S. 338).

Betrachtet man unter Einfluss der Passatwinde, sowie der Luftzirkulation den Vorgang im Ozean, so lässt dieser einen ähnlichen Kreislauf beschreiben. Aufgrund dessen, da die Zustände der Atmosphäre, sowie die Meerestemperaturen eng mit einander verbunden sind. Das heißt, dass die Meerestemperatur vor einer Küste einen entscheidenden Einfluss auf das dort vorherrschende Luftdruckgebiet hat. Schließlich ist sie für die Stabilität eines sich dort befindenden Hoch- bzw. Tiefdruckgebiets verantwortlich (vgl. Ammann, 1998, www.elNiño. /k1).

1.1.2 Meeresströmungen

Die Meeresströmungen haben mit der allgemeinen Zirkulation der Atmosphäre die größte Rolle im Klima- und Wettergeschehen. Denn sie sind neben den atmosphärischen Luftzirkulationen für den globalen Temperaturaustausch verantwortlich. Die bedeutende Funktion der Strömungen besteht darin, dass sie einen Ausgleich der unregelmäßigen aufgenommenen Energie der Erde schaffen. Hierbei unterscheidet man zwischen den kalten und den warmen Meeresströmungen, die das Klima der angrenzenden Kontinente unterschiedlich bestimmen (vgl. Forkel, 2015, www.klima-der-erde).

Die beschriebene Walkerzirkulation gewährleistet, dass der Humboldstrom kaltes und nährstoffreiches Wasser vor die südamerikanische Westküste bringt, wodurch das Küstenklima stark durch den Strom bestimmt wird.

Bei dem Humboldstrom handelt sich um eine kalte Meeresströmung, die ihren Entstehungsort in der Antarktis hat. Der Humboldtstrom transportiert das kalte nährstoffreiche Wasser von dort aus entlang der Küste Südamerikas und beeinflusst damit das Klima entlang der Küste. Dort beträgt die Wassertemperatur um die 18 bis 22°C und begünstigt somit optimale Bedingungen für eine Vielzahl an Fischen. Außerdem bedeutet kaltes Wasser immer Fischreichtum und dies ist die wichtigste Lebensvoraussetzung für das gesamte Ökosystem inklusive der Menschen. Denn nicht nur viele peruanische Bewohner sind von der Fischerei abhängig, sondern auch die Wirtschaft profitiert sehr davon (vgl. Ammann, 1998, www.elNiño. /k1).

Etwas südlich des Äquators leiten nun die Passatwinde, die Richtung Westen zum Äquator wehen, den Humboldtstrom dann weiter bis nach Neuguinea und den Philippinen. Aus der folgenden Abbildung (Abb. 2) *„pazifische Meeresströmungen"* lässt sich ersehen, dass sich der dadurch entstehende Wasserüberschuss in zwei weitere Ströme aufspaltet: den Kuro-Shio-Strom, welcher vor den Küsten Chinas und Japans nach Norden fließt und den Ostaustralischen Strom, welcher entlang der Küste Australiens nach Süden hin abgeleitet wird (vgl. Caviedes, El Niño, S. 10).

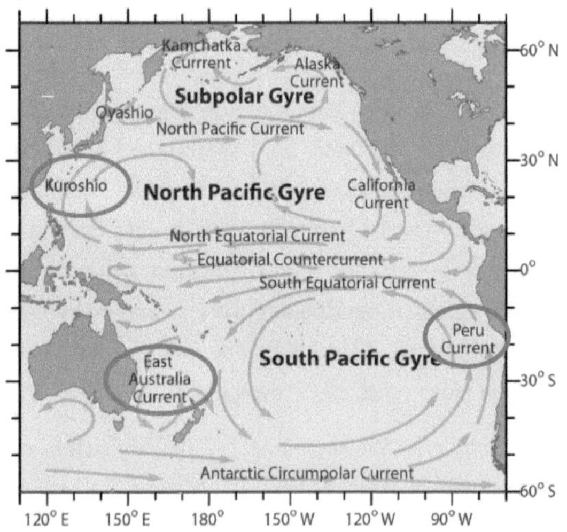

Abbildung 2: pazifische Meeresströmungen

Aufgrund der äquatorialen Sonneneinstrahlung steigen die Wassertemperaturen Richtung Westen hin an. An der Ostküste von Australien und Indonesien findet man im Vergleich zum Ostpazifik höhere Meerestemperaturen vor, die 29 Grad erreichen können (vgl. Caviedes, El Niño, S. 10). *„Diese warmen Temperaturen mit der daran geknüpften Kondensation sind die Quelle für die starken Monsunniederschläge in Südostasien und Nordaustralien"* (vgl. Klotz, 2008, www.uni-tuebingen/El Niño).

1.1.3 Thermokline

Es wurde schon früh erkannt, dass das warme Wasser im Westen des äquatorialen Pazifiks viel weiter nach unten reicht als das warme Wasser auf der Ostseite. Der Übergang der warmen und der kalten Wasserschicht wird durch die Thermokline bestimmt, die bei 20° Grad Celsius Wassertemperatur festgelegt ist. Sie trennt somit die Wassertemperaturen die höher als 20° Celsius sind von jenen, die niedriger als 20° Celsius sind (vgl. Caviedes, El Niño, S. 10).

In den normalen Jahren reicht die Thermokline zwischen Peru und den Galapagos-Inseln in etwa 40m Tiefe, während sie auf der asiatischen Seite bis zu einer Tiefe von 120 m abtauchen kann (vgl. Caviedes, El Niño, S. 10).

In Abbildung 3 lässt sich eine Abhängigkeit zwischen der Walkerzirkulation und dem Meeresspiegelunterschied im tropischen Westpazifik und dem äquatorialen Ostpazifik erkennen. Die östlichen Passatwinde, die eng in Verbindung mit der Walkerzirkulation stehen, sorgen dafür, dass sich die Wassermassen westwärts auftürmen. Das führt schließlich dazu, dass das Wasser im Westen des Pazifiks entlang des Äquators 60 cm höher liegt, verglichen mit dem Ostpazifik.

Erklären lässt sich der beachtliche Wasserspiegelunterschied durch die im Westen geringere Dichte des warmen Wassers und durch die von Osten kommenden Passatwinde (vgl. Baldenhofer, 2016, www.enso.info/enso).

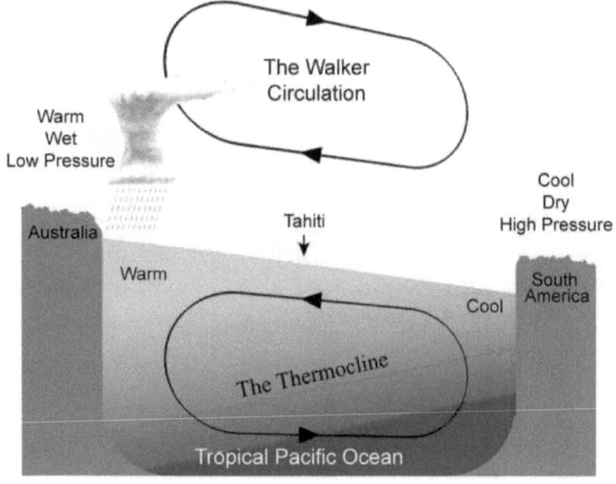

Abbildung 3: Thermokline

1.2 El Niño- Anomalie

Doch im Falle eines El Niño-Jahres kommt das abgestimmte System durcheinander. So lässt der nach Westen gerichtete kalte Wasserstrom deutlich nach oder hört ganz auf, da die Ostwinde stark geschwächt sind.

Dadurch sinkt die Thermokline im Osten bis in 80m Wassertiefe. In der Abbildung 4: " *Thermokline: El Niño Conditions-Normal Conditions*", wird der Verlauf der Thermokline in einem El Niño-Jahr und bei gewöhnlichen Bedingungen verglichen. Es lässt sich eine deutliche Verschiebung der Thermokline nach oben (auf der westlichen Seite) bzw. nach unten (auf der östlichen Seite) im Pazifiks erkennen. Hingegen in den normalen Jahren verläuft die Thermokline im östlichen Pazifik schräg nach oben. Dies lässt die sehr milden Wassertemperaturen vor der südamerikanischen Küste erklären (vgl. Baldenhofer, 2016, www.enso.info/enso).

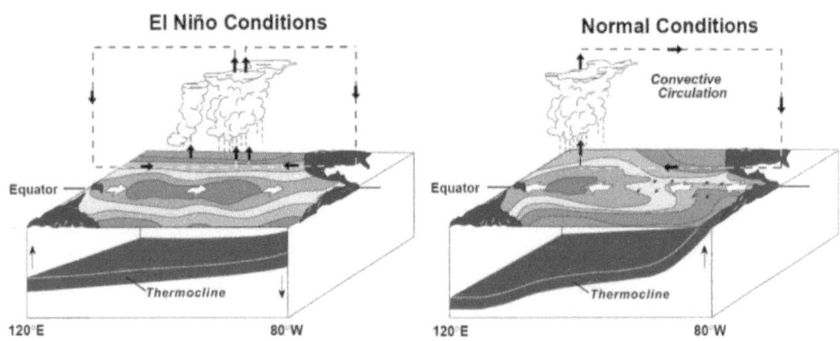

Abbildung 4: Thermokline: El Niño Conditions-Normal Conditions

1.2.1 Änderung der Wassertemperatur im Pazifik

Vor Ozeanien erhöht sich die Thermokline um bis zu 26m, woraus man schließen kann, dass die Wassertemperaturen während eines El Niño-Ereignis im Gegensatz zur Neutralphase deutlich niedriger sind. Die Abnahme der Wassertemperatur vor den ostasiatischen Küsten, sowie vor der Küste Australiens führt folglich zu einer geringeren Verdunstung und zu einer Abschwächung der Monsun-Niederschläge. Gleichzeitig taucht die Thermokline im Ostpazifik in die Tiefe. Als Folge der Senkung erkennt man einen merklichen

Anstieg der Meerestemperatur in den Küstengewässern von Ecuador und Peru von 20°C auf 25° bis 29°C. Solch eine Änderung hat fatale Folgen für die gesamte marine Tierwelt. Denn mit dem Auftrieb des warmen Wassers durch das Absinken der Thermokline wird der Humboldtstrom verdrängt oder bleibt komplett aus (vgl. Caviedes, El Niño, S. 12).

1.2.2 Vordringen der Kelvinwellen

Erklären lässt sich das Phänomen der veränderten Wassertemperaturen durch das Vordringen der sogenannten Kelvinwellen.

Diese großräumigen, äquatorialen Kelvinwellen entstehen, wenn die Passatwinde nachlassen und sich der von ihnen verursachte Wasserberg nach Osten bewegt. Auf ihrem Weg Richtung Südamerika unterdrücken sie das kalte aufsteigende Wasser, sodass sie die Meerestemperaturen ansteigen lassen. Dieser Vorgang lässt sich so vorstellen, wie das Ausbreiten vertikaler Wasserwellen (vgl. Caviedes, El Niño, S. 11).

„Die Ausbreitungsgeschwindigkeit von Kelvinwellen an der Meeresoberfläche hängt im Wesentlichen von der Wassertiefe und der Erdanziehungskraft ab. Im Durchschnitt benötigt eine Kelvinwelle zwei Monate, um den Meeresspiegelunterschied von Indonesien nach Südamerika zu übertragen" (Ammann, 1998, www.elNiño./k1_2.). Die Kelvinwellen treffen nach Überquerung des tropischen Pazifiks an der Südamerikanischen Westküste auf und bringen eine Meeresspiegelerhöhung von ca. 30 cm mit sich, so dokumentiert beim El Niño 1997/98. Diese Veränderung bleibt natürlich nicht ohne Folgen. So bewirkt die Erhöhung des Meeresspiegels ein Absinken der Thermokline. Wobei das kalte und nährstoffreiche von dem warmen und nährstoffarmen Wasser verdrängt wird. Das Eintreffen der Kelvinwellen sorgt nun vor der Südamerikanischen Küste für warme Wassertemperaturen (vgl. Ammann, 1998, www.elNiño./k1_2.).

Nachdem die Kelvinwellen auf die Küste aufgetroffen sind und sich somit ein Wasserüberschuss gebildet hat, spalten sich die Wellen in drei Richtungen auf.

Großteils werden die Kelvinwellen von der Küste reflektiert und bewegen sich nun entlang des Äquators von Osten nach Westen (siehe Abb. 5). Die reflektierten Wellen werden auch als Rossbywellen bezeichnet. Die restlichen Teile der Kelvinwellen werden entlang der Küste nach Norden und nach Süden abgeleitet. Infolgedessen hat sich der Meeresspiegelunterschied im östlichen Pazifik wieder ausgeglichen (vgl. Ammann, 1998, www.elNiño./k1_2.).

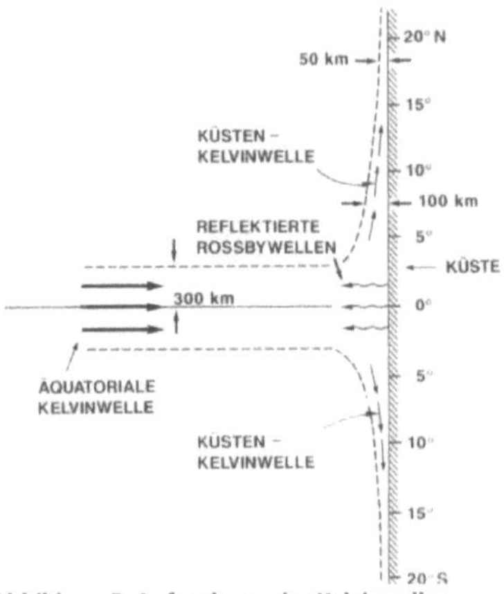

Abbildung 5: Aufspaltung der Kelvinwellen

1.2.3 Zusammenbruch des südpazifischen Hochdruckgebiets

Bis dato konnte nicht vollständig geklärt werden, was die auslösenden Faktoren für einen El Niño sind.

Wesentlich ist jedoch, dass das Hochdruckgebiet über dem Südpazifik eine bedeutsame Rolle bei einem Eintreten von El Niño spielt. Hauptentscheidend ist die Stärke des südpazifischen Hochdruckgebiets, dessen Entstehungsort, wie man aus der Abbildung 6 erkennen kann, über Tahiti (Polynesien) liegt. Aus diesem Hochdruckgebiet strömt ursprünglich der Südost-Passat. Nimmt aus bisher noch unerklärlichen Gründen das Hochdruckgebiet an Stärke ab, so kommt es im Extremfall zum Zusammenbruch der gesamten Walkerzirkulation. Die Schwäche bzw. der Zusammenbruch des Antizyklons und eine Erhöhung des Luftdrucks über Indonesien bringen einen El Niño in Gang, der die Normalphase komplett umkehrt (vgl. Caviedes, El Niño, S. 12).

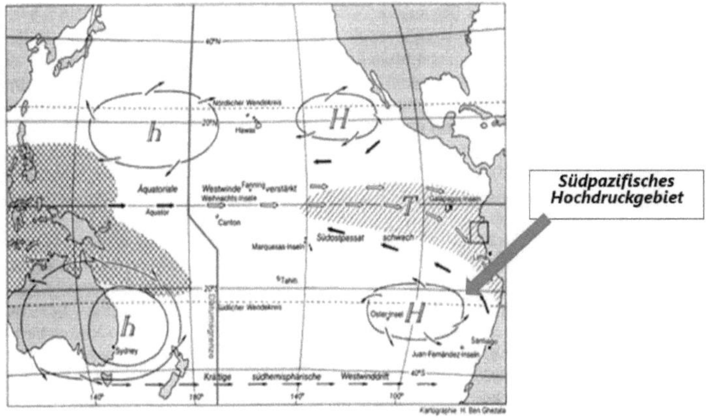

Abbildung 6: Hochdruckgebiete im Pazifik

1.2.4 El Niños Auswirkungen auf den Pazifik

Als Folge der Schwäche des südpazifischen Hochdrucks verringert sich der Druckgegensatz über dem Pazifik und die Passatwinde schwächen ab oder bleiben ganz aus. Die Lahmlegung der Passatwinde führt auch zu einer Schwächung des Humboldstroms, da dieser sich nur bedingt nach Norden bewegen kann. Das Gleiche gilt auch für den nach Westen hin gerichteten Wasserstrom, der sich in der Normalphase auf seinem Weg nach Westen erwärmt und dort Ostasien mit sehr warmen Wassertemperaturen versorgt. Da dies nun aufgrund der fehlenden Stärke der Passatwinde nicht mehr möglich ist, sinkt der Meeresspiegel im westlichen Pazifik um ca. 0,2 m. In der Normalphase befindet sich dort im Vergleich zum Ostpazifik ein Wasserüberschuss, welcher sich nun in Form der Kelvinwellen Richtung Osten ausbreitet. Parallel dazu werden die Ostwinde durch Westwinde ersetzt und verstärken nochmals den Vorgang der Kelvinwellen (vgl. Ammann, 1998, www.elNiño./k1).

1.2.5 Klimatologische Änderungen im pazifischen Raum

Gekoppelt an das maritime Wechselsystem ist die Veränderung der Luftdruckgebiete in pazifischer Umgebung. Das heißt, über dem Westpazifik dominiert nun erhöhter Luftdruck, der durch Absinken der Luft zu einer Niederschlagsarmut führt, was Dürreperioden verursacht, während das Gebiet im Bereich des Ostpazifik durch niedrige Luftdruckwerte heftige Regengüsse, Konvektionen, sowie starker Bewölkung charakterisiert ist (vgl. Caviedes, El Niño, S. 12/13).

In Abbildung 7 wird verdeutlicht, wie sich die Walkerzirkulation völlig umgekehrt hat und dabei irreguläre Wetterverhältnisse im pazifischen Raum verursacht.

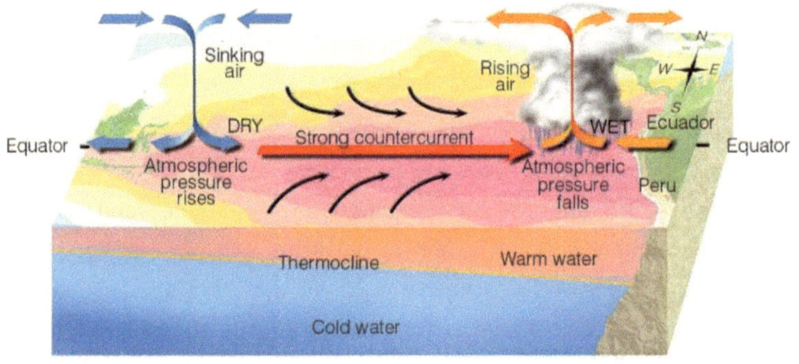

Abbildung 7: El Niño-Luftzirkulation

1.2.6 Südlicher Oszillationsindex (SOI)

Um die plötzliche klimatologische Änderung im pazifischen Raum vorhersagen zu kennen, wendet man den Südlichen Oszillationsindex oder SOI an.

Die Südliche Oszillation beschreibt den Druckausgleicheffekt in den südlichen Tropen zwischen dem Tief über Djakarta (Indonesien) und dem Hoch über Tahiti (Polynesien). Damit ist speziell der Unterschied zwischen dem Hochdruckgebiet im Südostpazifik und dem Tiefdruckgebiet über Indonesien gemeint, der mit El Niño eng verbunden ist. Die Südliche Oszillation (SO) ist im Falle einer Schwächung des südostpazifischen Hochdrucks verbunden mit einer

Abschwächung der Passatwinde und folglich der gesamten Walkerzirkulation. Um den Druckunterschied bestimmen zu können, messen die Meteorologen den mittleren Monatswert des Luftdrucks in dem jeweiligen Gebiet. Dabei wird der Luftdruckunterschied der Südlichen Oszillation mit dem Südlichen Oszillationsindex (SOI) gemessen und bestimmt (vgl. Baldenhofer, 2016, www.enso./enso-lexikon).

Ein hoher oder positiver Index steht in Verbindung mit La Nina (vgl. Baldenhofer, 2016, www.enso./enso-lexikon). Bei La Nina handelt es sich um die „kleine Schwester" von El Niño, welche durch die Verstärkung der Passatwinde verursacht wird und bei der es folglich zu einer immensen Erwärmung im Westpazifik und zu einer Abkühlung im Ostpazifik kommt (vgl. Ammann, 1998, www.elNiño./k1_1).

Ein niedriger SOI bedeutet, dass die Abweichung zum Mittelwert negativ ist, wie dies bei den El Niño-Phasen der Fall ist (vgl. Baldenhofer, 2016, www.enso./enso-lexikon). So ist in Abbildung 8 das Wechselverhältnis der globalen Luftdruckverhältnisse mit dem Luftdruck über Djakarta bei einem El Niño-Ereignis erkennbar. Damit verknüpft sind der steigende Luftdruck über Indonesien und der verringernde Luftdruck über Tahiti.

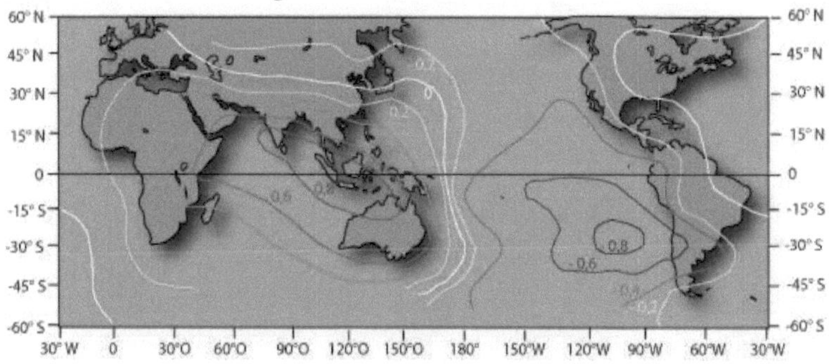

Abbildung 8: Druckänderung bei einem El Niño-Ereignis

In Summe verringert sich das Drucksystem, welches einem Zustand entspricht, bei dem die Ostwinde geschwächt sind, die Atmosphäre erhöhte Luftfeuchtigkeit aufweist und die Wassertemperaturen im östlichen Pazifik deutlich höher sind (vgl. Kasang, bildungsserver.hamburg). Eine Interpretation des SOI erlaubt eine Vorhersage des sich bereits in der Entwicklung befindenden El Niños und dessen weiteren Auswirkungen (vgl. Caviedes, El Niño, S. 12).

Ist von einem besonders niedrigen SOI die Rede, so lässt sich damit ein bevorstehendes El Niño Ereignis erschließen. Allgemein lassen sich die Auswirkungen der von El Niño betroffenen Gebiete plausibel festlegen. Dabei dehnt sich das beeinflusste Gebiet der Südlichen Oszillation so weit aus, das es sich in zwei Hemisphären gliedern lässt (vgl. Caviedes, El Niño, S. 12).

Die zwei aufgespaltenen Hemisphären verteilen sich global in verschiedenen Regionen (Abbildung 9). Auf der einen Seite gibt es die östliche Hemisphäre, die die Gebiete Indonesien, Australien, Indien, das Atlantikbecken, Afrika und Nordostbrasilien betreffen, gekennzeichnet mit hohen Luftdruckwerten, was zu Dürreperioden führt. Auf der anderen Seite wird die SO in die westliche Hemisphäre aufgeteilt, die das tropische Pazifikbecken, das westliche Süd-, Mittel- und Nordamerika umfasst. Die westliche Hemisphäre prägt niedrige Luftdruckwerte, die zu ungewöhnlich heftigen Regengüssen führen (vgl. Caviedes, El Niño, S. 12).

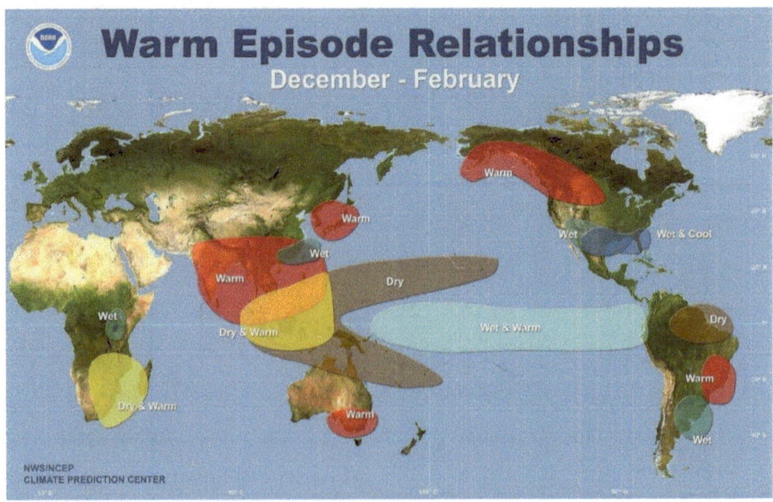

Abbildung 9: Globale Auswirkungen

1.2.7 ENSO- Zusammenspiel zwischen SOI und EL NIÑO

Das Zusammenspiel zwischen SOI und El Niño wird als ENSO bezeichnet. Hier wird der Zusammenhang zwischen der Häufigkeit eines eintretenden El Niños und den daraus resultierenden meteorologischen und maritimen Ereignissen beleuchtet. Abbildung 10 zeigt die Zeitreihe der jährlichen SOI von 1876 bis 2016. Speziell in dem Zeitraum zwischen 1981 und 2016 trat besonders häufig ein El Niño ein. Ein Vergleich der Indizes bei den letzten drei starken Anomalien zeigt, dass in den beiden El Niño-Jahren 1982/83 und 1997/98 die durchschnittlichen monatlichen SOI-Werte immer unter -7 lagen. Ab einem Wert von weniger als -7, spricht man von einem El Niño. Wohingegen der El Niño 2015 vergleichsweise etwas höhere Werte aufwies, die allerdings trotzdem noch im negativen Bereich lagen (vgl. Baldenhofer, 2016, pdf: www.enso./anhang).

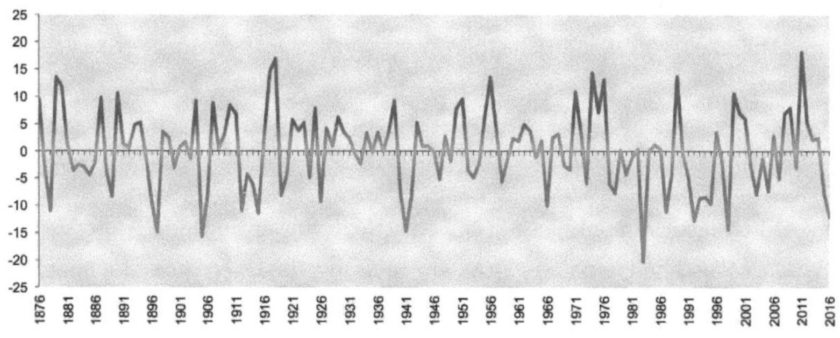

Abbildung 10: SOI

Ein weiterer wesentlicher Unterschied zum El Niño 2015/16 besteht auch darin, dass die vorläufigen Daten kurz vor dem eigentlichen eintretenden Ereignis im negativen Bereich lagen, während die bei den El Niños in den Jahren 1982 und 1997 positive Werte aufwiesen. Die negativen Werte können auf einen El Niño hindeuten. Je niedriger der SOI, desto stärker kann der eintretende El Niño sein (vgl. Baldenhofer, 2016, pdf: www.enso./anhang).

Allerdings wies der El Niño 2015/16 am Höhepunkt seiner Entwicklung nicht den geringsten SOI auf, da dieser im April 2016 „nur" -19.7 betrug. Der El Niño

1997/98 erreichte im März 1998 einen Wert von -28,5 und 1983 wurde sogar ein Index von -33.3 gemessen (vgl. bom.gov.au).

1.2.8 Häufigkeit der ENSO-Ereignisse

Im Durchschnitt wurde seit den vorhandenen Aufzeichnungen von 1876 bis heute ein 11-Jahres Zyklus festgelegt, der natürlich stark variiert. So beträgt die kürzeste Zeitspanne zwischen einem starken und einem sehr starken Auftreten etwa 5-6 Jahre und extreme Ereignisse treten in der Regel mit längeren Abständen ein. Wie sich aus der Abbildung 10 erkennen lässt, nahm die Häufigkeit an El Niño Ereignissen in den letzten 30 Jahren stark zu (vgl. Caviedes, El Niño, S. 12).

Ein häufigeres Auftreten der El Niño Ereignisse lässt sich durch die globale Erderwärmung vermuten, wobei dies jedoch nur eine Annahme ist und sich die Häufigkeit von Wissenschaftlern nicht wirklich erklären lässt (vgl. Caviedes, El Niño, S. 12).

2 El Niños 1997 und 2015

Durch das Eintreten eines ENSO entstehen schwerwiegende Auswirkungen auf die Menschheit und das Ökosystem aufgrund von Überschwemmungen, Dürren, Hitzewellen, Waldbrände, welche folgenderweise die Agrarwirtschaft, Umwelt, Fischerei, Finanzmärkte, Wirtschaft, Tourismus, Gesundheit, Wasserversorgung, oder Luftqualität negativ beeinflussen. Allerdings sind die Auswirkungen nicht nur nachteilig, sondern können auch Vorteile mit sich bringen, wie z.B. verstärkter Niederschlag im Trockengebiet Kalifornien die Lebensqualität verbessern kann und der Umwelt und Landwirtschaft zugutekommt oder, dass die atlantischen Hurrikans während eines El Niños deutlich nachlassen. (vgl. Baldenhofer, 2016, www.enso./globaus)

Im Jahre 1997 war ein besonders starker El Niño aufgetreten der weltweit seine Folgen hinterließ und die ganze öffentliche Aufmerksamkeit auf sich lenkte. Im Laufe der Zeit wurde er aus den Schlagzeilen entnommen und es wurde ihm öffentlich keine Beachtung mehr geschenkt. Seine Auswirkungen in den betroffenen Regionen ist jedoch nie in Vergessenheit geraten und man fürchtete sich hier vor den nächsten großen anstehenden Ereignissen (vgl. Baldenhofer, 2016, www.enso.info/enso).

Dann wurde im März 2015 die Entwicklung eines El Niños beobachtet, der sich im August als extrem entpuppt hatte. Obwohl die beide El Niños, 1997 und 2015, als sehr stark eingestuft werden, so sind sie doch sehr unterschiedlich, was ihre Entwicklung anbelangt. Normalerweise entwickelt sich ein El Niño im Herbst, erreicht im Winter seine Stärke und verschwindet dann wieder im Frühling. So hatte der El Niño 2015 aber bereits ein Jahr zuvor sein Vorläuferstadium erreicht und entwickelte sich nur zaghaft voran. Zwar wurde sogar im Jahr 2014 ein negativer SOI gemessen, dieser aber nicht den Kriterien eines ausgereiften El Niños entsprach. Auch wenn er nicht den Status als El Niño erhielt, so litten trotzdem einige betroffene Regionen unter den negativen Auswirkungen (vgl. Baldenhofer, 2016, pdf: www.enso./anhang).

Abbildung 11 veranschaulicht, wie der El Niño von 1997/98 (blaue Kurve) schneller einsetzte als der El Niño 2015/16 (rote Kurve), welcher sich zaghafter entwickelte (vgl. Baldenhofer, 2016, pdf: www.enso./anhang).

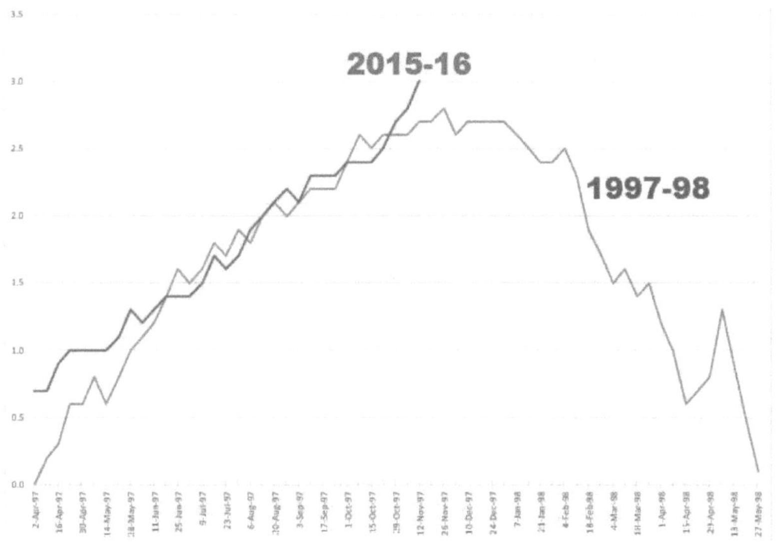

Abbildung 11: Entwicklung der El Niños 2015/16 und 1997/98

Im Anschluss des „annähernden El Niños 2014" entwickelte sich dann später im Frühjahr 2015 auf dessen Basis der „Super El Niño" 2015/16. Hierbei wurde nun vor allem von Wissenschaftler der El Niño 1997/1998 als Bezug zum neuen El Niño herangezogen. Dieser „Super-El Niño" überbot nochmals die bereits gravierenden Schäden des El Niños 1997, die weltweit verhängnisvolle Folgen hatten. Global und regional wurden neue Temperaturrekorde aufgestellt. So war der Mai 2016 der bereits 13. Monat in Folge mit globalen Rekordwerten und das Jahr 2015 ging in das wärmste Jahr seit Beginn der Wetteraufzeichnungen ein. (vgl. Baldenhofer, 2016, pdf: www.enso./anhang).

Wie ähnlich sich die El Niño von 1997 und 2015 untereinander bezüglich der Auswirkungen und der Anomalien in den betroffenen Regionen sind, lässt sich besonders gut anhand ihrer wirkungsvollen Stärke vergleichen, hingegen zu schwachen Ereignissen (vgl. Lingenhöhl, El Niño, S. 18).

2.1 Zusammenfassung

Jeder El Niño hat seine eigene Charakteristik, die sich bedingt durch die Intensität und dem zeitlichen Ablauf entwickelt. Das heißt, ENSO Ereignisse sind keine zyklisch atmosphärischen Anomalien, die sich auch dementsprechend verschiedenartig auswirken. Der Grund hinter den etwas abweichenden Wirkungen und der Stärke eines El Niños lässt sich nur vermuten. Einerseits stellten Ozeanografen der US National Oceanic and Atmospheric Administration (NOAA) in Seattle in Washington einen Zusammenhang auf, welcher die zuerst erwärmte Region im Pazifik als Urheber heranzieht. Andererseits liegt es daran, dass El Niño ein variables Klimaereignis ist und Klima im Allgemeinen nicht nur der einzige Einfluss auf das Auftreten verschiedener Auswirkung ist (vgl. Lingenhöhl, El Niño, S. 18).

So zeigen Satellitenbilder aus den Jahresanfängen von 1997 und 2015 die Zustände des Pazifiks, die stark auseinandergehen und doch beide Klimaereignisse gravierende Schäden hinterließen. Die rot gefärbten Flächen deuten auf deutlich erhöhte Wassertemperaturen im Pazifik hin, die sich in den beiden Jahren in unterschiedlichen Regionen entwickelten.

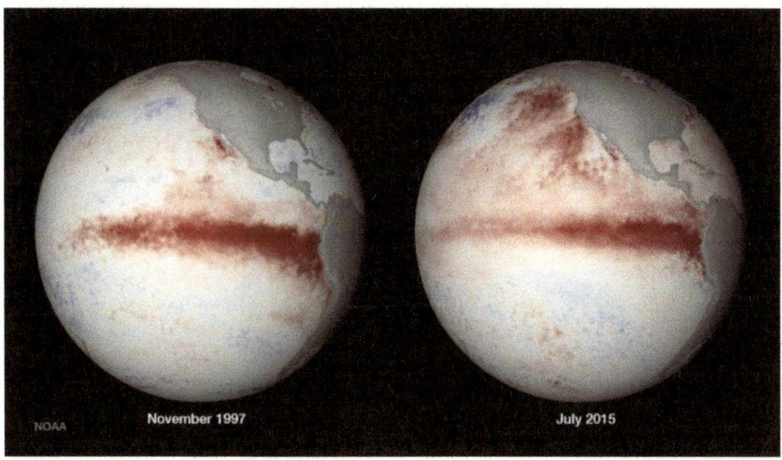

Abbildung 12: El Niño 1997 und 2015

2.1.1 Entwicklung der El Niños 1997 und 2015

Die Wassertemperaturen beim El Niño 2015 im tropischen Ostpazifik waren etwas kühler als beim El Niño 1997, bei dem die Küstengewässer vor Südamerika vergleichbar wärmer waren. 2015 befanden sich die wärmsten Warmmassen hingegen im Zentralpazifik, die westwärts bis zur Datumsgrenze reichten. Normalerweise sind während eines El Niños im Westpazifik die Meeresoberflächentemperaturen deutlich über dem Durchschnitt, demgegenüber beim letzten großen Ereignis diese nahe beim Durchschnitt lagen. So waren die Temperaturmuster in den umgebenden Wasserflächen im Verhältnis zu dem des Vorläufers ein wenig verschieden (vgl. Baldenhofer, 2016, pdf: www.enso./anhang).

Der Vergleich der Graphiken (Abbildung 13 und 14) veranschaulicht deutlich, dass die Warmwasserzunge des El Niños 2015 sich bis in äquatorfernere Bereiche hinstreckte und sich vor allem hier deutlich intensivierte. Demnach verschoben sich die im Zentralpazifik entstanden Konvektionen nördlicher vom Äquator weg und die heftigen Niederschläge reichten auf dem Südamerikanischen Kontinent nicht so weit nach Osten wie beim El Niño 1997. So wies die Region Texas und der Südwesten der USA weniger Niederschlagsmengen auf und höhere Niederschläge fand man in Namibia vor (vgl. Baldenhofer, 2016, pdf: www.enso./anhang).

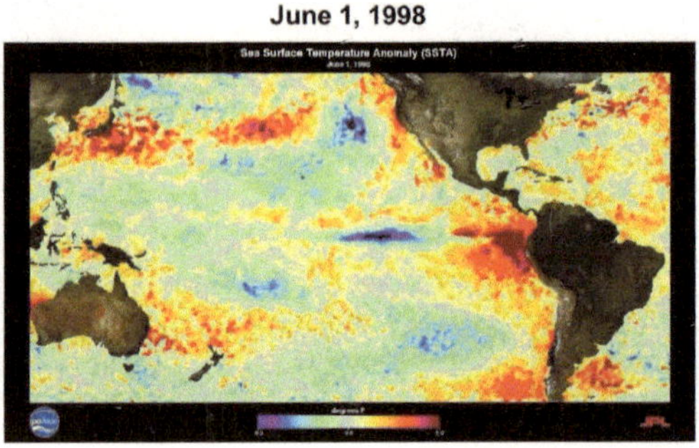

June 1, 1998

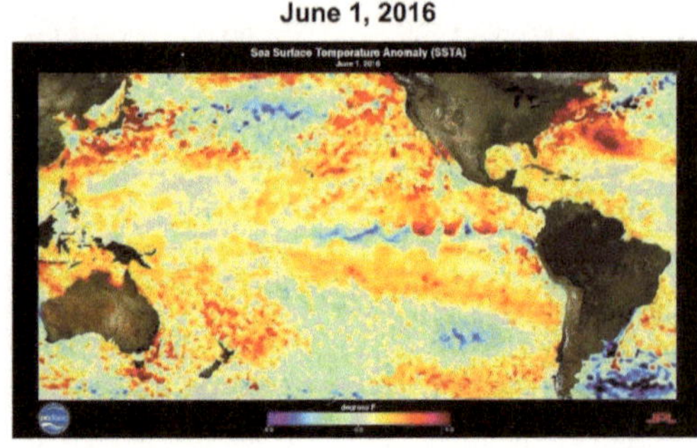

Abbildung 13: Entwicklung des El Niños 1998

June 1, 2016

Abbildung 14: Entwicklung des El Niños 2016

In Begleitung mit der verschobenen Anomalie, änderte auch der verstärkte Pazifik-Jetstream, einem Starkwind, seinen Verlauf. Der in den „gewöhnlichen" El Niño Jahren von Westen nach Osten wehende Jetstream beschenkte den

Bundesstaat Kalifornien mit heftigen Regengüssen. Bei dem letzten Klimaereignis 2015 konnte man ebenfalls eine östliche Erweiterung erkennen, die sich aber nördlicher verlagerte und somit die zu erwartenden Niederschlagsmengen in den Nordwesten der USA verschob (vgl. Baldenhofer, 2016, pdf: www.enso./anhang).

Gleichzeitig brachte der Nordostpazifik positive Wasserdurchschnitts-temperaturen hervor, die man beim El Niño 1997 nicht vorfinden konnte. Aufgrund der milden und trockenen Witterung und der ausgebliebenen Schnee-bedeckung entstanden in Kanada im Mai 2016 in Fort McMurry, einem Dorf in der kanadischen Provinz Alberta, verheerende Waldbrände, die sich ungehindert ausbreiteten. In Verbindungen mit einem nordamerikanischen Wasserkörper, der sich schon 2013/14 nahe des Golfs von Alaska gebildet hatte, und dieser als „The Blob" bezeichnet wird, verstärkte sich die Dürre nochmals und zog sich in die Länge (vgl. Baldenhofer, 2016, pdf: www.enso./anhang).

2.1.2 Temperaturanomalien

Zur Messung und Vorhersage von ENSO wird abgesehen von dem SOI der von der NOAA entwickelte Oceanic Niño Index (ONI) verwendet. Der ONI basiert auf die Abweichungen der Meeresoberflächen-Temperatur (SST) vom Durchschnitt einer 30-jährigen Basisperiode. Die Niño 3.4 Region (im Zentralpazifik) dient als Gebiet zur Messung, wobei ein dreimonatiger Mittelwert gebildet wird (vgl. Baldenhofer, 2016, www.enso./enso-lexikon). In der Abbildung 15 zeigt der blau markierte Bereich eine zur Wasserdurchschnittstemperatur geringere Temperatur. Während der rote Bereich in dem Bild die durch El Niño bewirkten höheren Temperaturen darstellt.

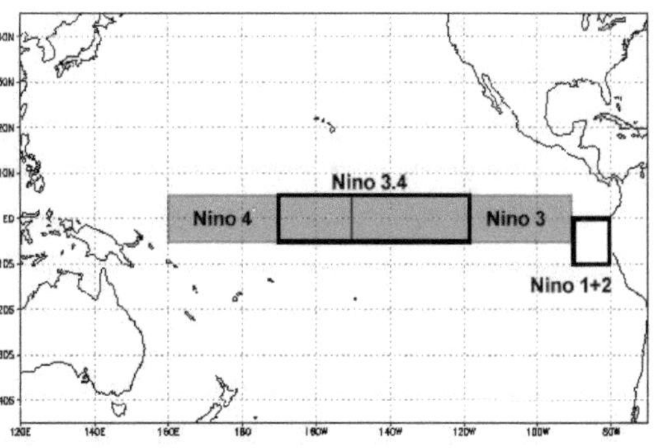

Abbildung 15: El Niño 3.4 Region

„Die Abweichungen beziehen sich auf einen Satz von sogenannten verbesserten homogenen historischen SST-Analysen (Extended Reconstructed SST – ERSST.v3b). Dies dient der Einordnung der aktuellen ENSO-Verhältnisse in eine historische Perspektive" (Baldenhofer, 2016, www.enso./enso-lexikon).

Zu Beginn der Entwicklung des El Niños 2015/16 maßen die Wissenschaftler zwar schon überdurchschnittliche Warmwassertemperaturen, doch waren diese im Herbst 2015 im Vergleich zum El Niño 1997/98 geringer (vgl. Baldenhofer, 2016, pdf: www.enso./anhang).

Die durchschnittlichen Meeresoberflächentemperaturen für November 2015 lagen in der Niño3.4 Region mit 2,35 °C über dem Novemberdurchschnitt. Damit hatte der El Niño 2015/16 fast die Novemberwert wie 1997, die bei 2,33 °C lagen, erreicht. Ende November erreichte der El Niño 2015 seinen Höhepunkt mit einem Wert von 3,1°, welcher der höchste jemals gemessene Wochenwert seit Beginn der Aufzeichnungen im Jahr 1950 durch die NOAA war. Danach hielt er sein Stadium fast konstant an (vgl. Baldenhofer, 2016, pdf: www.enso./anhang).

2.1 Vergleich der Auswirkungen

ENSO Ereignisse werden immer wieder mit ihren Vorgängern verglichen, unter anderem auch deren Auswirkungen auf die betroffenen Regionen, um den Vorgang eines El Niños besser interpretieren, vorhersagen und erklären zu können.

Die von der durch El Niño bewirkten Hitze betroffenen Regionen sind, wie einerseits erwähnt Kanada und andererseits der Nahe Osten, Nordafrika, Südostasien, Australien, das Horn von Afrika, der Süden Boliviens und das Amazonasbecken. In diesen Teilen der Erde kam es zu verheerenden, langanhaltenden Trockenperioden, diese erheblichen Schaden im landwirtschaftlichen und folglich im wirtschaftlichen Sektor anrichteten (vgl. Baldenhofer, 2016, www.enso./globaus).

Da diese Regionen sich in wirtschaftlich schwächeren Ländern befinden und diese stark von dem primären Sektor abhängig sind, darf die Betrachtung der

Wirkung von ENSO auf die Agrarmärkte nicht vergessen werden. Grundsätzlich schwanken die Schätzungen der von El Niño hervorgerufenen Auswirkungen auf die Agrarrohstoffe, doch sollte man diese nicht außer Acht lassen. Im Allgemeinen lassen die Erträge nach und die Preise der Rohstoffe steigen bei gleichbleibender Nachfrage etwas an (vgl. Baldenhofer, 2016, www.enso./globaus).

2.1.1 Wirtschaft und Landwirtschaft

Niederschlagsdefizite wurden auch im Norden und Nordosten von Australien vorgefunden, die allerdings bei jedem El Niño-Ereignis unterschiedlich stark ausfallen können. Das liegt daran, dass Australien von dem Klimaereignis nicht so stark betroffen ist, wie andere umliegende Regionen des Pazifiks. Im Durchschnitt bringt jedoch El Niño z.B. im nordaustralischen Queensland unterdurchschnittliche Niederschlagsmengen und Trockenperioden in Südostaustralien, die einen Rückgang der Getreideernte verursachen (vgl. Baldenhofer, 2016, www.enso./globaus).

Beim El Niño 1997/98 folgten allerdings im Herbst ergiebige Niederschlags-mengen, die die zuvor beherrschte Trockenheit wieder ausglichen (vgl. Ziese, 2015, pdf: VWA/Erste). Grundsätzlich trifft der mangelnde Niederschlag die Getreideernte und die Region in Nordaustralien schwer, doch die Auswirkungen auf das Bruttoinlandsprodukt sind eher geringer. Denn die australische Land-wirtschaft trägt nur 2% zum BIP bei und ein starker El Niño kann diesen Anteil um nur 15-20% senken. Außerdem sind in Australien die Industrie, Viehzucht, Metall, Kohle, Wolle und natürlich der Tourismus wichtige Einnahmequellen, die die in der Getreideindustrie entstandenen Verluste wieder ausgleichen können (vgl. Baldenhofer, 2016, www.enso./globaus).

Laut einer Studie des International Monetary Fund von 2015 sind die Auswirkungen von El Niño auf das BIP eines Landes kleiner, wenn der primäre Wirtschaftssektor einen geringen Anteil am BIP hat, die geographische Fläche des betroffenen Landes größer ist und die Wirtschaft eher gefächert ist (vgl. Baldenhofer, 2016, www.enso./globaus).

Allgemein lässt sich daraus formulieren, dass die Agrarwirtschaft in Schwellenländern im Pazifikraum von den Auswirkungen eines El Niños viel stärker betroffen ist, als wie jene in den Industrieländern. Denn die Landwirtschaft trägt in ärmeren Regionen einen wesentlichen Anteil zum BIP bei und diese Länder können die Ernteausfälle nicht kompensieren. Wie sich anhand des Beispiels von Australien feststellen ließ, können die Getreideausfälle mit Hilfe anderer wirtschaftlicher Leistungen ausgeglichen werden (vgl. Baldenhofer, 2016, www.enso./globaus).

Allerdings erleiden nicht nur betroffene Staaten eine Beeinträchtigung der Wirtschaft, sondern auch die Weltwirtschaft muss aufgrund der Abhängigkeit der Industrieländer an gewissen Rohstoffen einen Rückgang hinnehmen. Bereits eine Voraussage eines El-Niño Ereignisses genügt, um einen weltweiten Anstieg der Agrarpreise zu bewirken. So kam es im Mai 2014, als von einem zu bevorstehenden El Niño-Geschehen in diesem Jahr die Rede war, fast überall auf dem Globus zu einer Erhöhung der Agrarpreise. Als sich dann die Warmwasserzunge im Pazifik nicht vollständig entwickelte und die Meteorologen die Warnung zurückzogen, sanken die Preise wieder (vgl. Nestler, 2015, www.faz/finanzen).

Es geht um Millionen von Dollar, die an der Chicagoer Börse „Board of Trade", der größten Börse der Welt für Nahrungsmittel, gehandelt werden. Die meisten der großen Firmen können sich eigene Meteorologen leisten, um die Vorhersage von El Niño zu bestimmen und vor Verlusten zu bewahren. Denn das Eintreten von Hoch- und Tiefdruckgebieten, Regen oder Sonne beeinflusst die Ernteerträge und somit die Gewinne der Spekulanten. Ein Blick auf die Wetterkarte sagt ihnen, ob sie nun kaufen oder es lassen sollen. Als bereits Ende April 1997 die El Niño-Prognose feststand, waren sie vor den kommenden teuren Preisen gewappnet. Sie rieten zu einem schnellen Kauf von z.B. Weizen, bevor die Preise in die Höhe schossen. In Australien erwartete man damals einen Verlust der Weizenernte von 23,5 auf 16 Millionen Tonnen, was zu einem deutlichen Kaufdruck führte (vgl. von Grolle, Klein, Petermann, „Kauft, kauft, kauft" S. 300-301).Wenn es um die Vorhersage der nächsten Saison geht, ist El Niño deutlich das beliebteste Gesprächsthema. Den Börsianern ist aber die

Vertrocknung oder Überschwemmung der Ernte relativ gleichgültig. Ob es zu Ernteausfällen in Indonesien, Brasilien oder eben Australien kommt, hat nur dann einen Nachteil für die Aktienhändler, wenn man die Entwicklung des El Niños nicht frühzeitig erkennt. Die deutlichen Verlierer sind jedoch die von der Landwirtschaft abhängigen, betroffenen, ärmeren Ländern (vgl. von Grolle, Klein, Petermann, „Kauft, kauft, kauft" S. 300-301).

Zu einer Einschränkung der landwirtschaftlichen Produktion tragen die durch El Niño entstehenden Auswirkungen bei: Trockenperioden, steigende Niederschlagsmengen, Temperaturschwankungen und Umweltkatastrophen.

Als Beispiel für eines von der Landwirtschaft abhängigem Gebiet lässt sich hierbei die Ernteausfälle im Südostasiatischen Raum heranziehen. Vor allem die Palmölernte ist gegenüber El Niño-Einflüssen anfällig, da 90% der Produktion in Malaysia und Indonesien erfolgt. Denn es gilt: Je vertretener ein landwirtschaftlicher Rohstoff ist, desto weniger sind die Weltmarktpreise abhängig. Da das Hauptanbaugebiet von Palmölpflanzen im Pazifikraum liegt, zeigen sich deutliche Preisreaktionen auf vergangene El Niño-Ereignisse. Außerdem zählt das „wertvolle" Öl zu dem am Weltmarkt meist gehandeltem und verwendetem Öl, gefolgt von Soja und Raps. Des Weiteren spielt das Eintreten der Niederschlagsmengen eine entscheidende Rolle, die im Allgemeinen für die Ernteerträge entscheidend sind (vgl. Baldenhofer, 2016, www.enso./globaus).

Abbildung 16: September 2015, Sumatra: zerstörte Palmölernte

Der Jahreshöchstertrag von Palmöl wird im Oktober erzielt, welcher aber wegen der durch El Niño eintreffenden Trockenperiode stark geschwächt wird. Obwohl die Palmölpflanzen ziemlich widerstandsfähig gegenüber den El Niño-Auswirkungen sind, so beeinflusst das darauffolgende trockene Wetter die Ertragschancen bis zu 12 Monate negativ. Kommt es zu einer 2-monatigen Dürrephase ab Oktober mit weniger als 100mm Niederschlag, können die Erntemengen über die folgenden drei Jahre um 5% gesenkt werden. Eine 6-monatige Trockenperiode führt sogar bis zu 20% weniger Erträge. 1997/98 führte die durch El Niño bedingte Trockenheit zu einer Ertragssenkung von 16%, während 2015/16 sich die Palmölernte sogar um 20% reduzierte. Dabei kann man wieder festhalten, dass der letzte El Niño den von 1997/98 wieder überbot (vgl. Baldenhofer, 2016, www.enso./globaus).

2.1.2 Dürre und Luftbelastung

Überdurchschnittliche Trockenperioden gefährden nicht nur die Landwirte, Weltwirtschaft sowie vor allem die wirtschaftliche Leistung ärmerer Länder, sondern auch die Gesundheit der Menschen in den betroffenen Regionen. Denn auf Grund der beständigen Trockenheit ist die Region im südostasiatischen Raum anfälliger für Waldbrände und die Luftqualität verschlechtert sich deutlich (vgl. Baldenhofer, 2016, pdf: www.enso./anhang).

In Südostasien, besonders in Indonesien, stieg die Luftbelastung vor allem im Jahr 2015 stark an. Zurückführen lässt sich dies einerseits auf die Ausbreitung von Waldbränden bedingt durch die von El Niño hervorgerufene Dürre und auf intensiveres Einsetzen von Brandordnungen in den letzten zehn Jahren. Infolge der Ausnützung der Trockenzeit wurden Brandrodungen von großen Konzernen angeordnet, um Nutzfläche für die Agrarwirtschaft zu gewinnen. Dies bezieht sich vor allem auf den erweiterten Anbau von Feldfrüchten, Palmöl-Plantagen und auf schnellwachsende Bäume zur Erzeugung von Zellstoff (vgl. Baldenhofer, 2016, pdf: www.enso./anhang).

So zerstörten im El Niño Jahr 1997/98 unkontrollierte Feuer in SO-Asien und Lateinamerika 20 Millionen Hektar und in Indonesien 8 Millionen Hektar Landfläche (vgl. Siegert, 2004, pdf: waldbrände).

Große Agrarflächen werden allgemein durch Verbrennungen von Regenwäldern im Zeitraum zwischen September und Oktober geschaffen. Normalerweise löscht die einsetzende Regenzeit die Brände wieder. Als dann aufgrund des El Niños der Regen ausblieb und die Trockenperiode sich verlängerte, war die Katastrophe schon vorprogrammiert und die Brände wurden nicht gelöscht (vgl. Baldenhofer, 2016, pdf: www.enso./anhang).

Abbildung 17: Oktober 2015: Süd-Kalimantan: Die Luft ist mit gefährlichen Partikeln und Smog gefüllt

Durch die intensive Verbrennung entfachten sich grundsätzlich riesige Wolken, die toxische Gase und Aerosole an die Luft abgeben. Dies bleibt natürlich nicht ohne jegliche Folgen. Der enorme Anstieg des CO_2-Austoßes führt zu dichten Smog-Bildungen im südostasiatischen Raum, verbunden mit wirtschaftlichen, ökonomischen und gesundheitlichen Folgen. 2015 war die Luftbelastung insofern erheblich, da sich der Rauch von indonesischen Bränden in relativ geringer Höher hielt. So reichte er von der Erdoberfläche bis in 3km Höhe, wodurch sich die CO_2-Konzentrationen nicht verbreiten konnten. Je nach Windrichtung verteilt sich der Smog in unterschiedliche Richtungen. Letztes Jahr wurde dieser sogar bis in den Süden Thailands getrieben, wo man 365 Mikrogramm Feinstaub pro Kubikmeter Luft maß, was im Vergleich zum EU-Grenzwert von 50 Mikrogramm pro Kubikmeter gewaltig ist (vgl. Baldenhofer,

2016, pdf: www.enso./anhang). Die erhöhten CO_2-Werte in der Atmosphäre führten sogar so weit, dass die Stadtverwaltung von Peking zum ersten Mal im November und Dezember 2015 eine „rote Warnung" wegen der Luftverschmutzung ausgab. Bei dieser Warnstufe wurden Schulen und Kindergärten geschlossen sowie die Schließung einiger Fabriken und ein Fahrverbot in der chinesischen Hauptstadt verordnet (vgl. Müller-Jung, 2016, www.faz/wissen).

1997 gab es ähnliche Bedingungen, die weltweit für Aufsehen sorgten. Laut dem Autor Daniel Kestenholz, Verfasser des Artikels „Smog! Atemnot in Indonesien und Malaysia", welcher im September 1997 auf der Onlineplattform „Tagesspiegel" erschien, hing seit Ende Juli 1997 ein ebenso gefährlicher Smog, wie im Jahre 2015, über dem Stadtstaat Singapur. Der gefährliche Dunst fand seinen Ausgangspunkt auf den indonesischen Inseln Sumatra und Kalimantan, bedingt durch Waldbrände und breitete sich in einem Umkreis von hunderten Kilometern aus. Die gefährliche Rauchkonzentration erreichte Teile Indonesiens, Malaysia und den Süden Thailands sowie Singapur. Damals trat die zu erwartende Regenzeit erst Mitte November statt Mitte Oktober ein und blieb relativ kurz und schwach. Erst Mitte Mai setzten die starken Niederschläge aufgrund des folgenden La Nina-Ereignis wieder ein.

Am Mauna Loa Observatorium in Hawaii wurde 2015 eine jährliche Wachstumsrate der CO_2-Konzentration um 3,05 ppm in der Atmosphäre gemessen, während diese beim El Niño 1997/98 etwas geringer war und bei 2,93 lag. Diese Messung zeigte 2015 den stärksten jährlichen CO_2 Anstieg seit den regelmäßigen Messungen vor 57 Jahren (vlg. Germanwatch, 2016, pdf: germanwatch). Die Folgen des Anstieges führen zu gesundheitlichen Problemen, die die Bevölkerung stark belasten. 500.0000 Indonesier wurden 2015 allein wegen Atemwegserkrankungen zum Arzt gebracht (vgl. Frankfurter Allgemeine, 2015, www.faz/gesellschaft).

Bei Betrachtung der Kosten, der durch Waldbrände hervorgerufenen Schäden, waren diese laut Schätzungen 2015 höher als beim El Niño 1997. Laut des indonesischen Gesundheitsministeriums, dessen Schätzungen Anfang Oktober 2015 im „Wall Street Journal" veröffentlicht wurden, belaufen sich die Kosten der El Niño Katastrophe auf 14 Milliarden US-Dollar, die die Bereiche der Landwirtschaft, Gesundheit, Transportwesen und dem Tourismus beinhalten (vgl. Baldenhofer, 2016, pdf: www.enso./anhang). 1997/98 hingen wurden die Kosten von der Asian Development Bank auf 9 Milliarden US-Dollar geschätzt (vgl. Siegert, 2004, pdf: waldbrände).

Weitere Hauptursachen der Kohlenstoffdioxidzunahme sind einerseits der gestiegene Ausstoß an Emissionen durch das vom Menschen verursachte Verbrennen fossiler Brennstoffe. Anderseits trug das geringere Pflanzenwachstum aufgrund der verheerenden Dürre in den El Niño-Jahren einen gewissen Beitrag zur atmosphärischen CO_2-Zunahme (vgl. Siegert, 2004, pdf: waldbrände). Die Waldbrände 1997 waren mit einem Anteil von 30% an den globalen Emissionen beteiligt. 2015 dürfte der Anteil sogar noch höher gewesen sein (vgl. Hartmann, 2015, www.fr-online).

2.1.3 Ökosystem im Pazifik- Korallenbleiche

Nicht nur die Landwirtschaft oder der Mensch sind von einem El Niño Ereignis stark betroffen, auch das gesamte marine Ökosystem muss mit schweren Folgen umgehen. Die erhöhten Meerestemperaturen, die teilweise von El Niño verursacht wurden, führten weltweit zu einem neuen Erbleichen der Korallenriffe. Hierbei ist festzuhalten, dass die erhöhte Ausstoßung von Treibhausgas die Hauptschuld an der Korallenbleiche trägt. El Niño verstärkt den Bleichvorgang durch die ungewöhnlich hohen Wassertemperaturen nochmals (vgl. Baldenhofer, 2016, pdf: www.enso./anhang).

Für gewöhnlich gedeihen Korallen in einem Temperaturenbereich von 18 bis 28°C und leben mit den photosynthetisch, gesunden Algen (Zooxanthellen) in Symbiose. Wird die Wassertoleranzgrenze allerdings je nach Art von 29° bis 33° Grad überschritten, tritt die Korallenbleiche ein (vgl. Baldenhofer, 2016, pdf: www.enso./anhang).

Aufgrund der zu hohen Wassertemperaturen, was zu Stresssituationen der Algen führt, werden diese zur Produktion von Giftstoffen verleitet. Als Selbstschutz stoßen die Korallen die Algen ab, wodurch sie bleich und weiß erscheinen. In Abbildung 18 kann man die deutliche Farbänderung einer Koralle erkennen. Das linke Bild zeigt jene noch vor dem Bleichvorgang und rechts hat sie die Farbe bereits verloren (vgl. Baldenhofer, 2016, pdf: www.enso./anhang).

Abbildung 18: Korallenbleiche

Beim Abstoßen der Algen verlieren die Korallen auch ihre wichtigste Nahrungsquelle und sie werden anfälliger für Infektionskrankheiten. Hält dieser Zustand über einen längeren Zeitraum von ca. 8 Wochen an, so stirbt die Koralle ab.

Bekannt ist dieses Ereignis schon länger und hat sich durch die globale Erwärmung und durch häufigere El Niño-Ereignisse verschärft. So führt eine Korallenbleiche, auch „coral bleaching" genannt, zur Bedrohung der Artenvielfalt, bietet weniger Lebensräume für Fische und anderes marines Leben. Zugleich wird das Ökosystems bedroht und die Region anfälliger für Stürme und Ozeanwellen gemacht. Der Rückgang der Fischpopulation wirkt sich überdies negativ auf die Einnahmen aus dem Tourismusbereich und auf die lokale Fischerei aus, da beinahe ein Viertel bis ein Drittel der Artenvielfalt im Meer an die Korallen gebunden sind. Schätzungsweise 500 Millionen Menschen und Einkünfte von 30 Milliarden US-Dollar sind von dem Bestehen der Korallen abhängig (vgl. Baldenhofer, 2016, www.enso./globaus)

Beim letzten El Niño entwickelte sich die Korallenbleiche bereits 2014 im Nordpazifik und breitete sich dann nochmals bedingt durch das Klimaphänomen in den Süden und in den indischen Ozean aus. 2015 wurde von der US-amerikanischen national Ozean- und Atmosphärenverwaltung (NOAA) der Vorgang zur dritten Korallenbleiche seit Beginn der Aufzeichnungen festgelegt. Die erste extreme globale Korallenbleiche trat beim El Niño im Jahre 1997/98 auf (vgl. Lingenhöhl, El Niño, S. 18). Damals war die Korallenbleiche weltweit so gewaltig, dass 32 Staaten im Pazifischen und Indischen Ozean, im Roten Meer, dem Persischen Golf und in der Karibik solche Korallenbleichen meldeten. Letztendlich waren 16 Prozent der weltweiten Korallenriffe in nur neun Monaten zerstört. Allein im Pazifischen Ozean war die Katastrophe so prekär, dass 60% der Korallenriffe erfasst wurden. Zufolge von La Nina sanken im darauffolgenden Jahr die Temperaturen im Pazifik wieder, was eine Verbesserung begünstigte. Allerdings galten bereits im Jahre 2000 27% der Korallenriffe als zerstört. Die Reaktion der Korallen auf den El Niño 1997/98 zerstörte vor allem jene bei den Galapagos-Inseln, vor der Küste Panamas, Teile im australischen Great Barrier Reef und in anderen Gebieten der Tropen (vgl. Ammann, 1998, www.elNiño/korallenbleiche).

Die Korallenriffe vor der Westküste der USA, besonders rund um die Insel Hawaii, waren beim El Niño 2015/16 stark bedroht. Auch das Great Barrier Reef musste beim letzten El Niño-Ereignis schwere Folgen daraus ziehen. So wurde Mitte März von der Great Barrier Reef Marine Park Authority die regionale Bleiche mit Warnstufe rot ausgerufen (vgl. Baldenhofer, 2016, pdf: www.enso./anhang). Einige Teile im Süden des Riffs wurden wiederum mit kühlen Niederschlagsmengen entlastet, während im Norden beinahe 67% der Korallenriffe verkümmerten. Laut einem Bericht von Terry Hughes vom ARC Centre of Excellence for Coral Reef Studies waren die nördlichen Teile am stärksten betroffen, während diese bei der Korallenbleiche 1998 mit geringeren Schäden davongekommen sind (vgl. James Cook University, 2016, www.scinexx).

Die folgenden Abbildungen (Abbildung 19 und 20) zeigen genau, wie sich die Korallenbleiche beim El Niño 2015/16 nicht nur im Pazifik, sondern auch im Atlantik, dem Indischen Ozean und weiteren Meere entwickeln hätte sollen. Im

Oktober 2015 rechnete die NOAA mit folgender Ausbreitung des weltweiten Vorganges: Von Oktober 2015 bis Jänner 2016 hätte sich die Bleiche in den Gebieten der Karibik, Hawaii und Kiribati, und möglicherweise bis in das Gebiet der Marshall-Inseln ausbreiten sollen (vgl. Baldenhofer, 2016, www.enso./globaus)

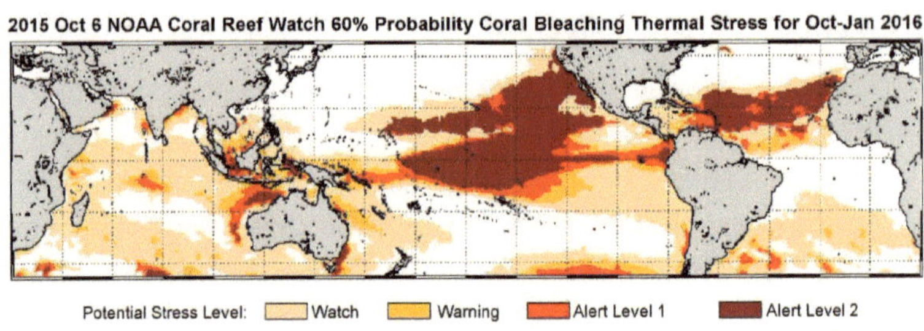

Abbildung 19: Korallenbleiche von Oktober 2015-Jänner 2016

Die erwartete Bleichprognose für den Zeitraum zwischen Februar bis Mai 2016, zeigte den Inselstatt Kiribati, die Galapagos-Inseln, den Südpazifik, besonders östlich der Datumsgrenze und vielleicht auch noch Polynesien als betroffen. Am meisten hätten die Korallenriffe im Indischen Ozean darunter zerstört werden sollen (vgl. Baldenhofer, 2016, www.enso./globaus)

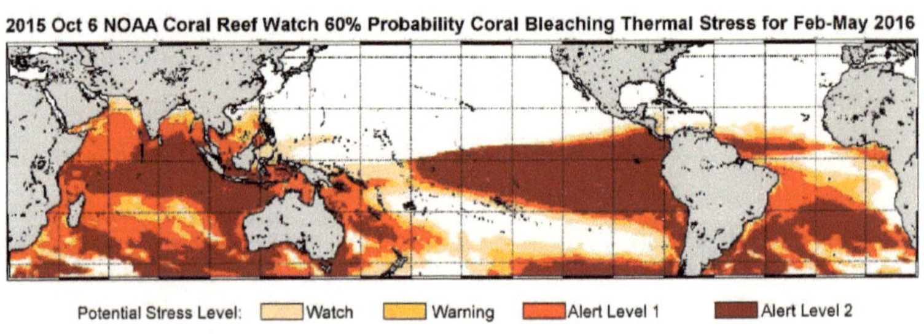

Abbildung 20: Korallenbleiche von Februar bis Mai 2016

Im Februar 2016 hatte sich die Korallenbleiche zu der bis jetzt längsten beobachteten entwickelt und zog sich bis ins Jahr 2017. Ab wann sich die Korallen wieder von den erhöhten Wassertemperaturen erholen, lässt sich nicht prognostizieren. Das bereits im Herbst 2016 eingetretene La Nina Ereignis kann zwar den Erholungsvorgang beschleunigen, aber die Korallenbleiche nicht aufhalten (vgl. Baldenhofer, 2016, www.enso./globaus)

Die Korallenriffe sind schon seit Jahrhunderten mit dem El Niño-Phänomen fertig geworden, doch die Korallenbleiche entstand erst in den 1970er Jahren und ist seitdem wiederholt eingetreten. Die Kombination aus der globalen Erderwärmung und El Niño lassen die Riffe in prekäre Stresssituation versetzten (vgl. Baldenhofer, 2016, www.enso./globaus).

3 Fazit

Anhand der beschriebenen El Niño Auswirkungen von den angeführten Ereignissen lässt sich schließen, dass jeder El Niño seinen individuellen Charakter hat und sich jeder von einem anderen unterscheidet. Der El Niño 1997/98 versetzte die Welt in Schrecken. Beim nächsten gewaltigen El Niño 2015/16 konnte man schon über seine gewissen Folgen spekulieren und sich davor schützen. Doch überbot das letzte Klimaphänomen im Pazifik nochmals jenes von 1997/98. Was machte den El Niño von 2015/16 so unglaublich gewaltig, dass er die ganze Welt davon spüren ließ? Zwar kann eine richtige Antwort noch nicht wirklich nachgewiesen werden, so bin ich davon überzeugt, dass der immense Anstieg von Treibhausgasen in der Atmosphäre seit der Industrialisierung die Verstärkung eines El Niño-Geschehens bewirkt.

Des Weiteren ist die Frage allgemein noch immer offen, welche Wechselbeziehung es genau zwischen El Niño und der Fernwirkungen auf das Wetter in Europa gibt.

Der Zusammenhang zwischen ENSO und dem europäischen Wetter wurde zwar bereits in den 1980er Jahren erkannt, so ist eine Verknüpfung bis heute noch nicht genau geklärt. Schließlich basieren die Annahmen nur auf langjährige Beobachtungen und da sehr starke El Niño Ereignisse sehr selten auftreten, können die El Niño bezogenen Auswirkungen nicht belegt werden.

Grundsätzlich sind Wissenschaftler der Meinung, dass El Niño Europa hauptsächlich im Winter beeinflusst. So kann es in Nordeuropa während eines ENSO-Auftreten zu Trockenheit und zu kalten Verhältnissen kommen, während der Mittelmeerraum mildere und feuchtere Winter widerfährt (vgl. Baldenhofer, 2016, www.enso./globaus).

Literaturverzeichnis

- Ammann, Christoph: El Niño Infoseite. Einleitung. 4.10.1998. URL: http://www.elNiño.info/einleitung.php (Zugriff: 22.09.2016)
- Ammann, Christoph: El Niño Infoseite. El Niño im Detail 4.10.1998. URL: http://www.elNiño.info/k1_2.php (Zugriff: 26.09.2016)
- Ammann, Christoph: El Niño Infoseite. La Nina, die kleine Schwester El Niños. 4.10.1998. URL: http://www.elNiño.info/k1_1.php#top (Zugriff. 27.1.2017)
- Ammann, Christoph: El Niño Infoseite. Ursachen für "Coral bleaching". 4.10.1998. URL: http://www.elNiño.info/korallenbleiche_2.php (Zugriff: 13.1.2017)
- Ammann, Christoph: El Niño Infoseite. Was ist El Niño. 4.10.1998. URL: http://www.elNiño.info/k1.php (Zugriff: 4.10.2016)
- Baldenhofer Kurt G.: ENSO-Lexikon. Southern Oscillation Index (SOI). 3.11.2016. URL://www.enso.info/enso-lexikon/lexikon-s.html#so (Zugriff: 18.11.2016)
- Baldenhofer Kurt G.: Globale Auswirkungen von ENSO. 3.11.2016. URL: http://www.enso.info/globaus.html (Zugriff: 3.1.2017)
- Baldenhofer, Kurt G.: Das ENSO-Phänomen. Informationen zum ozeanisch-atmosphärischen Phänomen El Niño / Southern Oscillation. 2016. URL: http://www.enso.info/enso.html (Zugriff: 25.09.2016)
- Baldenhofer, Kurt G.: Der El Niño von 2015/16: Friedrichshafen: September 2016. Als Download: http://www.enso.info/anhang/El_Niño_2015_16.pdf (Zugriff: 3.1.2016)
- Baldenhofer, Kurt G.: ENSO. Ein wiederkehrendes Phänomen mit globalen Auswirkungen. 3.11.2016. URL: http://www.enso.info/enso.html#normal (Zugriff: 20.10.2016)
- Caviedes, Caesar N: El Niño. Klima macht Geschichte. 1. Gainesville: Wissenschaftliche- Buchgesellschaft, Darmstadt, 2005
- Forkel, Mathias: Die Meeresströmungen. Der Temperaturaustausch in den Ozeanen. 4.11.2015. URL: http://www.klima-der-erde.de/meeresstroemungen.html (Zugriff: 24.09.2016)

- Frankfurter Allgemeine: Menschen in Südostasien können nach heftigen Waldbränden aufatmen. 31.10.2015. URL: http://www.faz.net/aktuell/gesellschaft/ungluecke/waldbraende-in-indonesien-werden-schwaecher-13886471.html (Zugriff: 3.1.2017)
- Germanwatch e.V.: Gravierende Folgen durch Erwärmung. Februar treibt bisherigen globalen Temperaturrekord in atemberaubende Höhen. April 2016. Als Download: https://germanwatch.org/de/download/15143.pdf (Zugriff: 24.1.2017)
- Hartmann Kathrin: Tödliche Gier nach Palmöl: 15.10.2015. URL: http://www.fr-online.de/panorama/indonesien--toedliche-gier-nach-palmoel,1472782,32168884.html (Zugriff: 6.1.2017)
- James Cook University: Great Barrier Reef erlebt schlimmste Korallenbleiche. 30.11.2016. URL: http://www.scinexx.de/wissen-aktuell-20893-2016-11-30.html (Zugriff: 22.1.2017)
- Kasang Dieter: Southern Oscillation, positive Rückkopplungen und der Wasserstau im Westpazifik.
  URL: http://bildungsserver.hamburg.de/ozean-und-klima/4337312/enso-wasserstau-artikel/ (Zugriff: 27.11.2016)
- Kestenholz, Daniel: Smog! Atemnot in Indonesien und Malaysia. 21.09.1997. URL: http://www.tagesspiegel.de/weltspiegel/smog-atemnot-in-indonesien-und-malaysia/19888.html (Zugriff: 8.1.2017)
- Klotz, Stefan: Die Nordatlantische Oszillation und die El Niño Southern Oszillation. 16.6.2008. Als Download: https://homepages.uni-tuebingen.de//stefan.klotz/seiten/Klimawandel/B.Friedrich.pdf (Zugriff: 24.09.2016)
- Lingenhöhl, Daniel: El Niño. Klimapendel im Pazifik. Heidelberg: Spektrum der Wissenschaft-Kompakt, 4.12.2015.
- Malberg Horst: Meteorologie und Klimatologie. Eine Einführung. 5., erweiterte und aktualisierte Auflage. Heidelberg: Springer- Verlag Berlin Heidelberg, 2007.
- Müller-Jung, Joachim: El Niño. Ein Satan. 6.2.2016. URL: http://www.faz.net/aktuell/wissen/multimedia-el-ni-o-ein-satan-14049803.html (Zugriff: 7.1.2017)

- Nestler, Franz: El Niño wirbelt wieder die Märkte durcheinander. 16.5.2015. URL: http://www.faz.net/aktuell/finanzen/devisen-rohstoffe/agrarrohstoffe-el-ni-o-wirbelt-wieder-die-maerkte-durcheinander-12943366.html (URL: 19.1.2017)
- Siegert, Florian: Brennende Regenwälder: Februar 2004. Als Download: file:///E:/VWA/waldbrände.pdf (Zugriff: 6.1.2017)
- The Bureau of Meteorology: Southern Oscillation Index (SOI) since 1876. 2017. URL: http://www.bom.gov.au/climate/current/soihtm1.shtml (Zugriff: 27.12.2016)
- Von Grolle, Klein, Petermann: „Kauft, kauft, kauft". Wie El Niño die Spekulationen an der Chicagoer Börse antreibt. In: Tumult in der Wetterküche. 1997, H. 42, S. 300- 301
- Ziese Markus, Dr. Becker Andreas; Dr. Fröhlich Kristina: El Niño 2015. Erste Erkenntnisse und Ausblicke: 2.11.2015. Als Download: file:///E:/VWA/Erste%20Erkenntnisse%20und%20Ausblicke%20von%20El%20Niño%202015.pdf (Zugriff: 6.1.2017)

Abbildungsverzeichnis

BEI GRIN MACHT SICH IHR WISSEN BEZAHLT

- Wir veröffentlichen Ihre Hausarbeit,
  Bachelor- und Masterarbeit

- Ihr eigenes eBook und Buch -
  weltweit in allen wichtigen Shops

- Verdienen Sie an jedem Verkauf

Jetzt bei www.GRIN.com hochladen
und kostenlos publizieren